外公外婆家
李奶奶家
李奶奶的菜地
池塘
王伯采摘园
大伯的菜地

图书在版编目（CIP）数据

种菜吧！从种子到果实 / 刘全儒，栾昊颖著；花果小山绘. -- 北京：北京科学技术出版社，2025.
ISBN 978-7-5714-4215-6

Ⅰ. S63-64

中国国家版本馆 CIP 数据核字第 20245YW597 号

策划编辑： 黄艾麒　姜思琪
营销编辑： 王　喆
责任编辑： 代　冉
责任校对： 贾　荣
责任印制： 李　茗
图文制作： 天露霖文化
出 版 人： 曾庆宇
出版发行： 北京科学技术出版社
社　　址： 北京西直门南大街16号
邮政编码： 100035
电　　话： 0086-10-66135495（总编室）　0086-10-66113227（发行部）
网　　址： www.bkydw.cn
印　　刷： 雅迪云印（天津）科技有限公司
开　　本： 787 mm × 1092 mm　1/12
字　　数： 41千字
印　　张： 3.3
版　　次： 2025年1月第1版
印　　次： 2025年1月第1次印刷
ISBN 978-7-5714-4215-6

定　　价： 48.00元

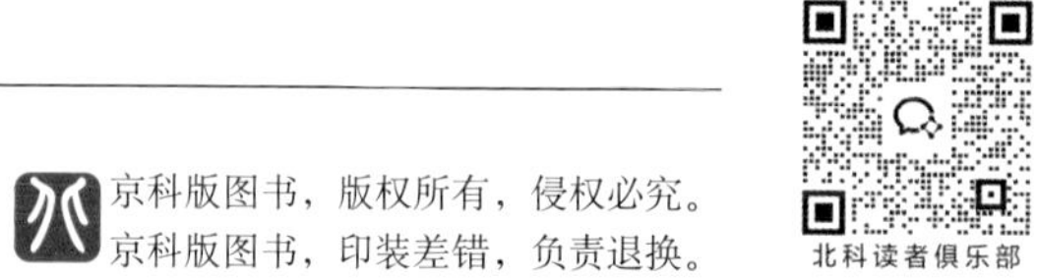

种菜吧！从种子到果实

刘全儒　栾昊颖◎著

花果小山◎绘

北京科学技术出版社
100层童书馆

4 月的假期，糖豆和毛豆要去乡下的外公外婆家。外公外婆家有个大菜园，里面种着好多蔬菜。“糖豆、毛豆，这次你俩能和外公一起种蔬菜啦！”“可是……我更想看动画片。”糖豆小声嘟囔着，毛豆也一脸不情愿。一直生活在大城市的糖豆和毛豆，对种蔬菜可没什么兴趣。

晚上，
他们抵达外公外婆家。
乡村的夜晚非常寂静，
天空中有无数星星在闪烁。

第二天早上，姐弟俩在小鸟的啼叫声中醒来。一缕阳光从窗外透了进来，空气中飘散着外婆煮的小米粥的香味。外公一大早就不见了，外婆说他在鼓捣菜园里的菜呢。姐弟俩吃完早饭，打算和外婆一起去家附近玩，顺便去看看外公。

姐弟俩来到了菜园。妈妈还专门为他们准备了小号的种菜工具，外公的工具对他俩来说太大了。

外公今天计划种番茄。“我们也来帮忙！”“是不是要把种子埋进土里？”
“今天种番茄可不是直接用种子，而是用外公事先培育好的番茄苗。”

原来这就是番茄苗。

首先，将番茄苗一株一株拿出来。

然后，将其小心地放入事先挖好的小坑中。

接下来，用土把番茄苗的根部埋好。

最后给栽好的番茄苗浇上水，种植就完成了。

“种番茄好像还挺有意思的。”

“我也这么觉得，就是不知道要等多久才能吃到番茄。”

番茄苗被种得整整齐齐，好看极了。

“好极了，小园丁们！”外公说道，“你们要不要试试自己种菜呢？”

“那我要种毛豆！”毛豆率先举手。

“我……我还没有想好……”糖豆小声嘀咕道。

“外公会帮你的。来，选一粒种子吧。”

外公摊开手掌，手心里有五六种大小不一的种子。糖豆慢吞吞地选了一粒浅色的，问道：“外公，这是什么蔬菜的种子？”“这个呀，等你种出来后就知道啦。现在我们先来种毛豆吧。”

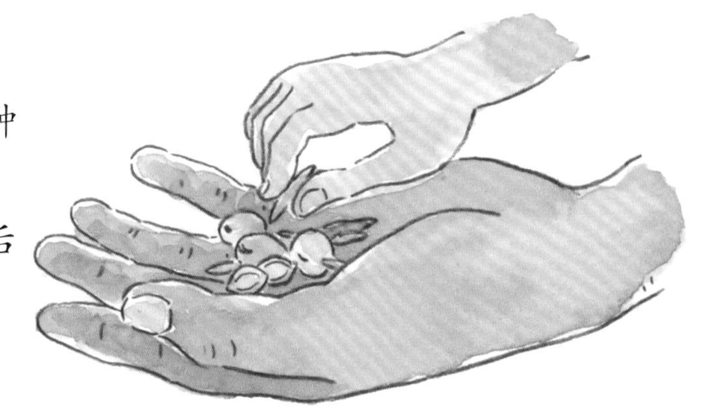

首先用耙子松土，将土地耙成一畦一畦的小块。

然后用耙子柄在地上整齐地划出一道道痕迹。

沿着痕迹，用铁锹在地上铲出一条条小沟。

接下来，用铁锹挖个坑，将两三粒种子放进去，盖上土。

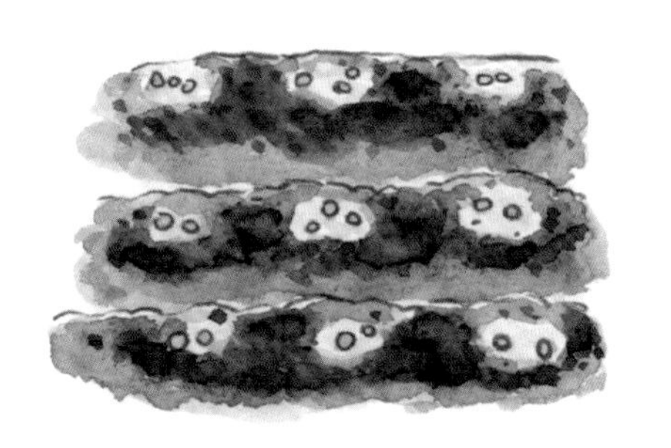

每隔一小段距离，种下几粒种子。种完一行毛豆后，继续重复以上操作。

最后，还要给种子浇水。这项艰巨的任务当然就交给毛豆本人来完成了。

毛豆种毛豆大功告成，糖豆用同样的方法种下了自己挑选的种子。

“小园丁们，干得不错，今天就干到这里吧！”

“真累呀！”

“它们会长成什么样呢？好期待！”

第二天，两个小家伙一睡醒就跑到菜地里，可是地上光秃秃的，什么也没有。

“外公，怎么回事？怎么和昨天一点儿区别都没有？”

“哈哈，菜长得哪有那么快？等你们下次来，兴许就能看到幼苗了。”

回到城市的家后，两个小家伙总是念叨自己种的菜。周六一大早，他们便催着妈妈赶紧出发去外公外婆家。

到了外公外婆家，一进院子，他们就看到外婆正忙着挑选绿豆。“快过来，我教你们发豆芽！”

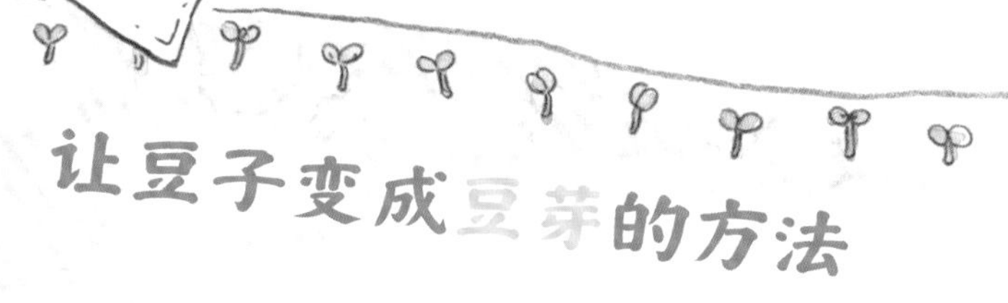

让豆子变成豆芽的方法

把漂在水面上的豆子捞起来扔掉，这些是不饱满的豆子，无法发芽。

将挑好的豆子放进塑料盒子中，然后往盒里倒入40℃左右的温水，让温水刚刚没过豆子。

让豆子在水中浸泡半天到一天……

等待豆子膨胀的这段时间，姐弟俩也没闲着。外公笑眯眯地邀请他们去菜园看看。

“我的毛豆发芽啦！”毛豆兴奋地大喊。地里长出了好多绿色豆瓣，有的豆瓣之间还有小叶子呢！

“我的地里怎么什么都没有？” 糖豆急得哇哇大哭。

“种菜要有耐心，种子发芽需要时间。”外公拍拍糖豆，让他们俩再浇一点儿水。土地保持湿润，蔬菜才能长得更快。

晚上，两个小家伙和外婆一起，把吸足水分的绿豆捞出，倒进菜筐里。

豆子已经明显变大了，皮也变软了。外婆在豆子上盖了一块湿润的纱布遮光，又把整个菜筐架在一个脸盆上。

外婆说：“每天还需要往纱布上喷 2 ～ 3 次水保湿。”

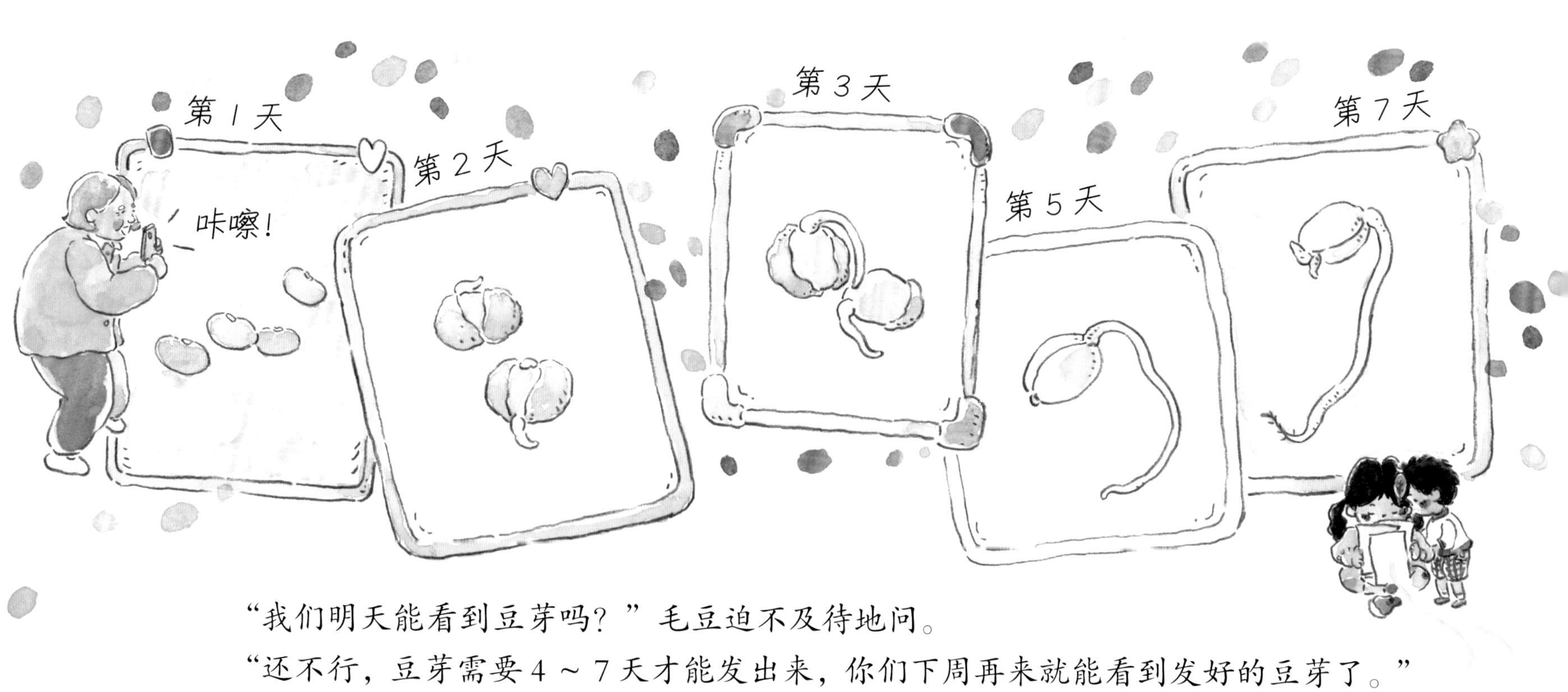

“我们明天能看到豆芽吗？”毛豆迫不及待地问。

“还不行，豆芽需要 4 ~ 7 天才能发出来，你们下周再来就能看到发好的豆芽了。”

6 月，杨梅熟了，空气中透着一股酸甜味。这周末，姐弟俩要去外公的菜地看看谁种的菜先成熟。

“你们来得正是时候。糖豆，你种的菜今天就能采收了，快来看看。”

“是生菜！圆滚滚的大生菜！”糖豆开心得在菜园里转圈，没想到生菜的生长速度竟然反超了毛豆，“我的生菜真厉害！”

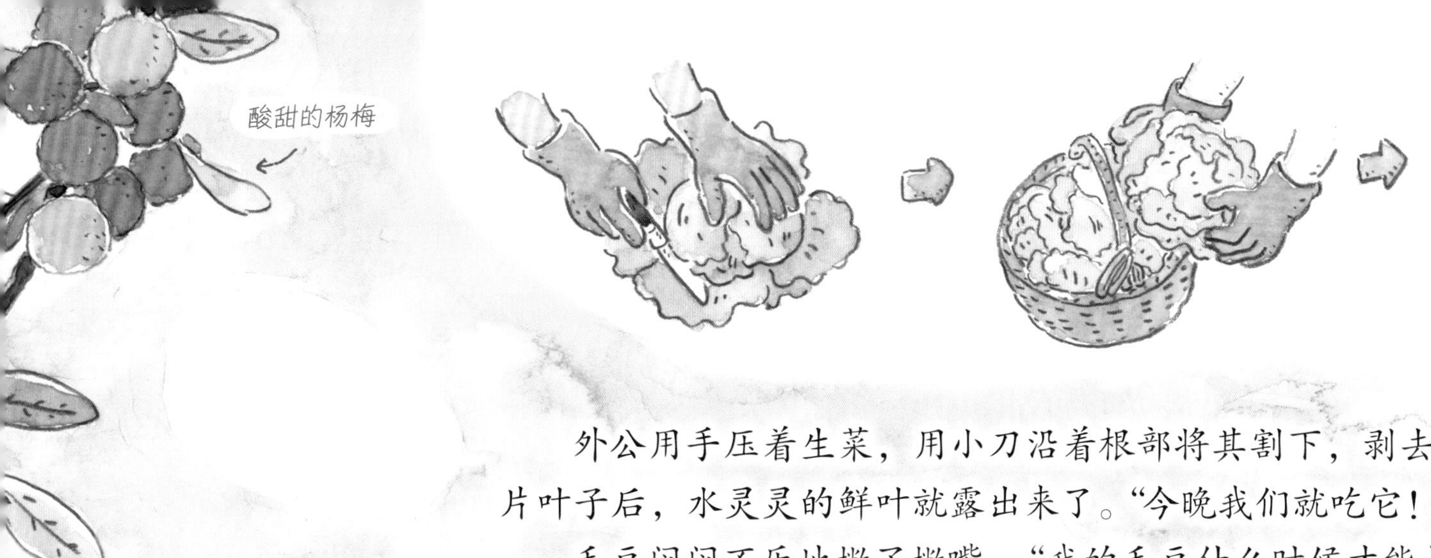

外公用手压着生菜，用小刀沿着根部将其割下，剥去外围的几片叶子后，水灵灵的鲜叶就露出来了。“今晚我们就吃它！”

毛豆闷闷不乐地撇了撇嘴：“我的毛豆什么时候才能长成呀？”

“毛豆的豆苗也长高了。”外公用毛巾擦着汗，“我已经帮你培过土、追过肥了，再过 20 天，就能吃到毛豆种的毛豆啦！”

“真慢！”

外公说今天是个好日子，不仅生菜大丰收，番茄也要搭架子了。

番茄植株长高了，已经是绿油油的一片了，一些叶片中间还有小黄花。

外公和姐弟俩先用竹竿和绳子搭好支架，再将番茄的茎部与竹竿绑在一起，这样番茄架就搭好了。

外公用小木棍敲打着番茄架：“这样振动，能提高番茄花的授粉率，花落了才能结出番茄。”

毛豆学着外公的样子敲打竹竿。糖豆闻着番茄花，很是陶醉。

7 月的天气格外晴朗，毛豆却开心不起来。自从毛豆种菜输给了糖豆，他就整天愁眉苦脸。“小毛豆，你的毛豆熟啦，想不想来摘呀？”

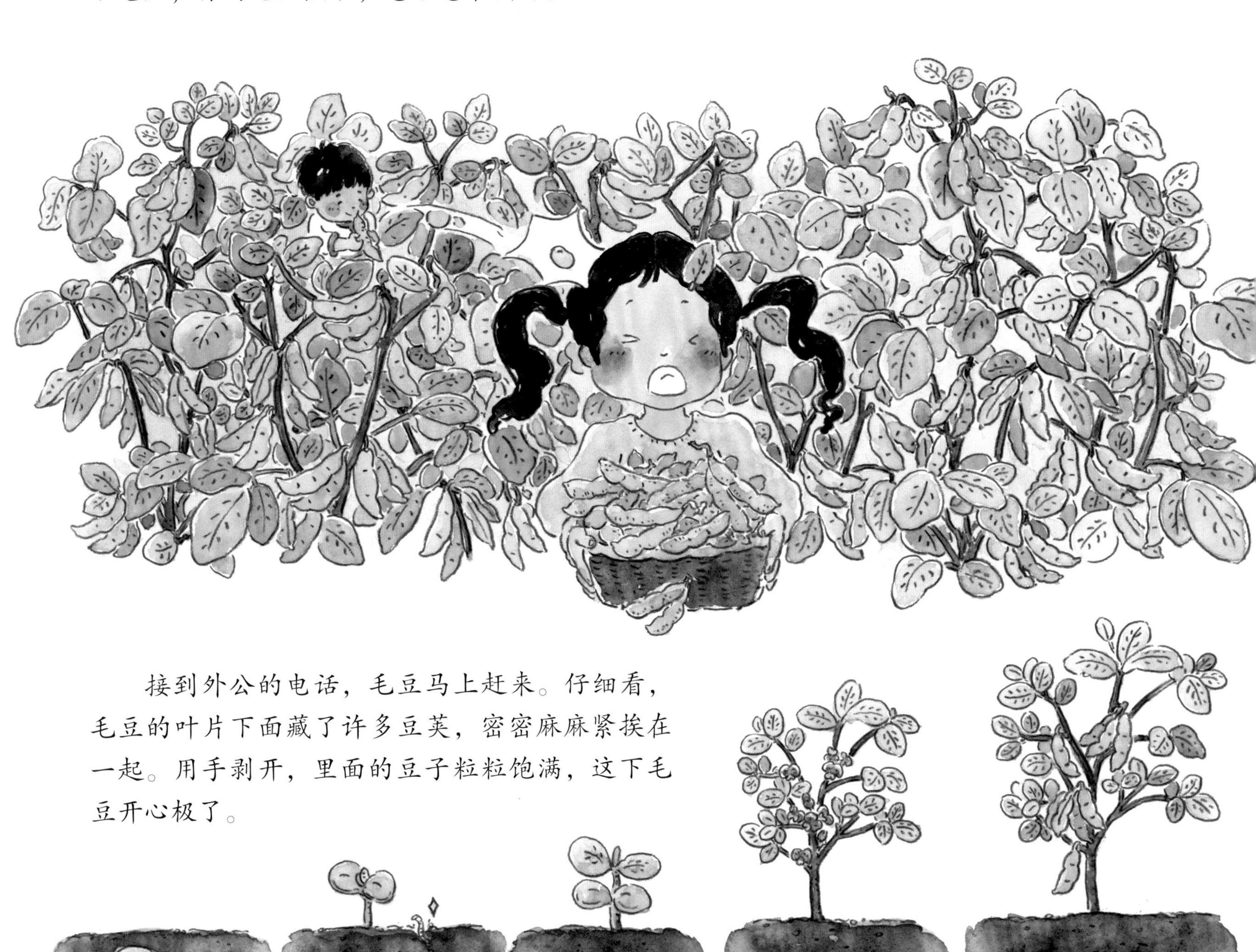

接到外公的电话，毛豆马上赶来。仔细看，毛豆的叶片下面藏了许多豆荚，密密麻麻紧挨在一起。用手剥开，里面的豆子粒粒饱满，这下毛豆开心极了。

不只是毛豆，外公的番茄也结出了果实，可是果实有大有小，颜色也不全是红色的。外公说这些番茄才刚刚上色，得再等一等才会好吃。

毛豆大丰收后，外公从兜里掏出了一把红棕色的种子。
“这回要种胡萝卜喽！”
“外公，我喜欢吃西蓝花。”
“好，那再种几株西蓝花给我们糖豆。”

外公用铁锹挖出一个个小坑，撒上西蓝花和胡萝卜的种子，再用土覆盖好。外公还用锄头背轻轻地按压土壤，看起来像是给午睡的娃娃盖上被子。最后再浇上水。

“西蓝花和胡萝卜快快长大。”

“糖豆和毛豆也快快长大。”

天气开始变得炎热，外公告诉姐弟俩，8月份要种土豆。这会儿，糖豆和毛豆已经对外公的菜园产生了浓厚的兴趣，当然要来帮忙啦！

“种土豆用的是切开的小土豆块，要保证每块土豆上有一个或几个芽眼。”外公强调道。

土豆在松软的土壤中慢慢成长，姐弟俩也在看不见的时光中渐渐爱上种菜。

番茄终于熟透了，捧在手里沉甸甸的。咬一口，汁水充盈、清甜，果实绵软。姐弟俩一边吃，一边心满意足地笑着。

入夏后，姐弟俩来外公家的次数变少了。在外婆拍的菜园照片里，西蓝花越长越高，甚至能看到茂密的花，姐弟俩却找不到胡萝卜的影子。外公说，西蓝花是花菜，剪下来就能吃；胡萝卜吃的是根，那些根还好好地藏在土里面呢！

西蓝花
种子
静悄悄。
长出小叶子。
噌噌长大。
叶子张开了。
花蕾
开始膨大。
可以
采收啦！
胡萝卜
积蓄能量。
醒来。
嘭！
嗖嗖！
叶子快快长！
要加油哟！
可以拔啦！

姐弟俩终于盼来了寒假。周末一大早，他们就出现在了外公的菜园里。毛豆把挖出来的土豆递给糖豆，糖豆再递给外公，外公把它们均匀地码放在筐里——三个人在地里，组成了一条小小的流水线。

晚上，外公拿出几个土豆放在蒸锅里。土豆很快就熟了，轻轻一剥，皮就掉了，咬上一口，又软又糯，有淡淡的清香味。

“土豆也是果实吗？”糖豆忍不住好奇地问。“土豆吃的是块茎，茎也分很多种，蔬菜的学问可多哩。”

这一年，糖豆和毛豆跟着外公外婆培植了七种蔬菜。其中，有些菜长得好，有些菜长得不好。外公说种菜既要靠天、靠地、看风、看雨，也要付出大量精力，辛勤劳作，不断浇水、除草、施肥、采摘……

姐弟俩知道外公花了很多心思在这个菜园上，这些辛劳都镶嵌在了外公的掌纹之中。

七大类蔬菜
根菜类
茎菜类
叶菜类
果菜类
胡萝卜
土豆
生菜
番茄
花菜类
种子类
芽菜类
西蓝花
毛豆
豆芽